Martin Eder

Zusammenfassung des Buches "Deutschland. Der Norden" von Johann-Bernhard Haversath

GRIN Verlag

Bibliografische Information der Deutschen Nationalbibliothek:

Die Deutsche Bibliothek verzeichnet diese Publikation in der Deutschen Nationalbibliografie; detaillierte bibliografische Daten sind im Internet über http://dnb.d-nb.de/ abrufbar.

Impressum:

Druck und Bindung: Books on Demand GmbH, Norderstedt Germany
ISBN: 978-3-668-00053-7

Dieses Buch bei GRIN:

http://www.grin.com/de/e-book/301712/zusammenfassung-des-buches-deutschland-der-norden-von-johann-bernhard

Zusammenfassung von
Haversath, J.B. Deutschland. Der Norden. Braunschweig: Westermann, 1997.

Die natürlichen Grundlage als Potential menschlichen Handelns

Die Entwicklung von Umwelt und Kulturlandschaft bis zum 19. Jh.

Stadtentwicklung und Industrialisierung

GETRENNTE ENTWICKLUNG VON 1945-1990

Aktuelle Raumstrukturen und Raumprobleme

Deutschland – Der Norden

Abgrenzung:

EMS bis ODER

Ungefähre Grenze = Benrather Linie

[Aachen, Benrath (Düsseldorf), Remscheid, Berleburg, Kassel, Harzgerode, südl. Magdeburg, nördl. Wittenberg, Lübben, Fürstenberg (Eisenhüttenstadt)]

30 % der Fläche Deutschlands

22 % der Einwohner Deutschland

Einwohnerdichte des Nordens 173 (D = 227)
Hamburg 2236
Bremen 1697
Berlin und Brandenburg 200
Schleswig-Holstein 170
Niedersachsen 160
Sachsen-Anhalt 137
Mecklenburg-Vorpommern 80

Nordwestdeutschland NWD = Schleswig-Holstein SH
Hamburg HH
Bremen HB
Niedersachsen NS

Nordostdeutschland NOD= Mecklenburg-Vorpommern MV
Berlin B
Brandenburg BB
Sachsen-Anhalt SA

Die natürlichen Grundlage als Potential menschlichen Handelns

1 Naturräumliche Einheiten

1.1 Die Küsten und Inseln von Nord- und Ostsee

Ostsee = intrakontinentales Mittelmeer, geologisch jung

Nordsee: Randmeer des Atlantiks, Absinken seit dem Tertiär

Küstenformen der Nordsee:

Wattenküste: Watt: = amphibischer Raum = Schwemmland

Sand + Schlick + Muschelkalk

Rückseitenwatte und Buchtenwatte

Reliefgestaltung durch Meeresströmung und Gezeiten

Umlagerung (Erosion und Resedimentation)

Wasserläufe gliedern Wattfläche in Platen

mäandrierende Rinnen verlagern sich ständig

(Priele, Baljen, Tiefs, Seegatts)

Ebbdelta am seeseitigen Ende eines Gatts

Flutdelta auf der Wattseite

Tidenhub 3-4 m = intensive Materialumlagerung

< 1,5 m Erlöschen der reliefformenden Kraft

des Wattstroms = Ausgleichsküste

Die Bildung der Wattenküste ist in erster Linie von dem täglichen Gezeitenwechsel und der mittleren Meeresbodentiefe abhängig. Der Tidenhub im Wattenmeer beträgt im Bereich der Nordseeküste etwa 2-3 m. Der 10-20 m dicke Wattenkörper besteht aus Sand und Schlick. Im äußeren Watt gibt es aufgrund der stärkeren Strömung nur Ablagerung von schwereren Sedimenten wie Sanden. Wenn die Wattoberfläche durch die weitere Aufhöhung der Sedimente dichter an der Wasseroberfläche liegt kommt es aufgrund der daraus resultierenden geringeren Strömung zur Ablagerung von leichteren Sedimenten, wie zum Beispiel Tonpartikeln. Der sogenannte Schlickfall ist während der Ruhepause zwischen Ebbe und Flut am stärksten. Diese Ruhepause wird auch Stromkentern genannt. Im abgelagerten Schlick findet sich neben anorganischem Material auch totes Plankton und tierische Stoffwechselprodukte. Das Watt ist von tieferen Wasserrinnen, den sogenannten Prielen durchzogen, in denen die Strömung eine höhere Transportkraft hat. Das Wasser folgt bei einsetzender Flut zunächst den Prielen, bis es sich über diese hinaus im gesamten

Watt ausbreitet. Dabei verringert sich die Strömungsgeschwindigkeit bis zum erreichen des Höchstwasserstandes. Bei Ebbe läuft das Wasser zunächst ruhig vom Watt in die Priele ab, wo es dann zu starker Strömung in Richtung des Meeres kommt. Die im Watt befindlichen Halligen sind Überreste des durch Sturmfluten zerstörten Kulturlandes. Durch Fluten werden immer noch Teile der Halligen abgebrochen und vom Meer mitgerissen. Die Bewohner dieser Inseln haben sich der Gefahr durch Sturmfluten angepasst, indem sie Hügel aus Wattenklei, sogenannte Warften bauten, auf denen sie wohnen und die ihnen als Zufluchtsorte bei Sturmfluten dienen. Durch den stetigen Meeresspiegelanstieg werden immer größere Teile der Nordseeküste abgetragen und überspült. Insbesondere die Ferieninsel Sylt ist hiervon betroffen. Küstenschutzmaßnahmen wie Sandvorspülungen sollen hiergegen schützen.

Marsch: Schlickpaket, das vom mittleren Tidehochwasser nicht mehr erreicht wird

Hochland = junges Marschgebiet mit kalkhaltigem, sandigen und durchlässigen Böden

Seemarsch – hoher Kalkanteil

Flussmarsch– niedriger Kalkanteil

flussnahes Hochland (Uferwall)

flussfernes vernässtes Tiefland

Sietland = älteres Marschgebiet, bereits abgesackt

Marschböden = semiterrestrisch

hoher Grundwasserstand

Feinkörnigkeit des geschichteten Sediments

Marschenküste = Prototyp der flachen Gezeitenküste

tiefstgelegener Teil Deutschlands = bei Emden (-2,3m)

Krummhörn-Marschland

Inseln: Morphodynamik: Landverlust an Westseiten

Hakenbildung an Ostenden

Anlandung von Marschflächen an Südseiten

Ostfriesische Inseln = durch tiefe Seegatts unterbrochene Reihe von Düneninseln: Wangerooge, Borkum, Norderney, Baltrum und Spiekerkoog = lagemobil !

Nordfriesische Inseln = Sylt, Amrum, Föhr (alte Inseln)
Pellworm, Nordstrand, Halligen (neue Inseln)
alte Inseln: saaleeiszeitlichen Geestkern
neue Inseln: Reste des ex-zushäng. Marschlands

Helgoland (Hauptinsel und Düne)
isolierte Lage in Deutscher Bucht
Aufwölbung des Zechsteinsalzes > Hebung der mesozoischen Schichten (Bundsandstein, Muschelkalk, Kreide)
Verkleinerung der Insel durch Gletscher und Meereserosion

Küstenformen der Ostsee

Küstenveränderung durch Landsenkung und Meeresspiegelanstieg

Reihe von Eisstauseen; Vorläufer der Ostsee: Baltischer Eissee
Yolindameer
Ancylussee
Litorinameer

W → O Förden
Buchtenküste
Ausgleichküste
Bodden und Boddenausgleichsküste

Förden sind schmale, langgestreckte oder plumpe, breite Buchten.
Schmale Förden sind ehemalige glaziale Schmelzwasserrinnen, die aufgrund des Meeresspiegelanstiegs nach Ende der Eiszeiten vollgelaufen sind. Breite Förden waren Zungenbecken glazialer Gletscher, die ebenfalls nach der Schmelze vollgelaufen sind. Die meisten Förden sind von Endmoränen begrenzt. z. B. Flensburger Förde, Kieler Förde
Durch küstenparallele Sandverdriftung (Ausgleichsküstenbildung) ist die trompetenförmige Mündung zum Teil verengt worden, wie an der Schlei und der Traveförde, oder sogar, bis auf den Austritt der Aalbeck, ganz versandet (Hemmelsförde). Die Förden sind bei Sturmfluten aus nordöstlicher Richtung besonders gefährdet, da sich in den schlauchartigen Formen das Wasser besonders hoch anstaut.

Buchtenküste = glaziale Zungenbecken
z. B Lübecker Bucht, Wismarbucht

Ausgleichsküste: marine Abtragung, 3-10 m hohe Steilküste und geröllreicher Strand

Der Steilküstenabbruch gerät in küstenparallele Strömungen und wird in Form von küstenparallelen Riffen (Sandbänke) auf der Schorre abgesetzt.
Ein Teil dieses Materials wird von der Brandung auf den Strand geworfen und bildet dort Strandwälle. Strandwälle bestehen aus grobem Sand und Geröll, da das rückströmende Brandungswasser die leichten Sande wieder mitnimmt. Auf uferfernen, hohen und älteren Strandwällen bildet sich eine Pflanzendecke, die Flugsand auffängt. Häufig wirken diese Wälle dann wie Dünen. Die Materialanlandung durch küstenparallelen Versatz ist dort besonders hoch, wo die Küstenlinie in eine Bucht abbiegt. Am Buchtanfang bilden sich Strandhaken, die dem gegenüberliegenden Buchtufer zustreben. Erreichen diese Strandhaken fast das jenseitige Ufer, bezeichnet man die Haken als Nehrung und die ehemalige Bucht als Haff. Sind keine oder nur sehr kleine Zuflüsse in das Haff vorhanden die eine Verbindung zur Ostsee offen halten, schließt die Nehrung das Haff vollständig ab. Die Küstenlinie ist ausgeglichen, eine Ausgleichsküste ist entstanden. Das Wasser im Haff beginnt auszusüßen und ein Strandsee entsteht, der letztlich verlandet und feuchte Niederungen bildet, wie zum Beispiel die Haffwiesen zwischen Scharbeutz und Haffkrug. Solche Küstenformen finden wir in großräumigen Formen vor allem an der Küste des ehemaligen Ostpreußen, aber auch in Schleswig-Holstein finden wir es als kleines System verbreitet. Beispiele hierfür sind der Große Binnensee bei Lippe, wo sich die Nehrung bereits geschlossen hat, oder Heiligenhafen.
In Heiligenhafen ist die Entwicklung einer Ausgleichsküste noch heute im Gange. Auf einer Distanz von nur 5 km befinden sich in West- Ost- Richtung eine Steilküste (Hohes Ufer), Ausgleichsküste (Steinwarder) mit Strandsee, sowie eine Nehrung mit zahlreichen Haken (Graswarder) und dem Haff.

Boddenküste: Sie sind durch postglazialen Meeresspiegelanstieg vollgelaufene Moränentäler. Dadurch sind die runden Buchten der Mecklenburgischen Boddenküste zwischen den Moränenkuppen zu erklären.
z. B. Großer und Kleiner Jasmunder Bodden auf Rügen

1.2 Das Jungmoränenland

= geprägt von Weichseleiszeit

Formenabfolge der glazialen Serie: Grundmoräne
Endmoräne
Sander
Urstromtal

Typische = abflusslose Hohlformen (Toteislöcher)
+ großer Seenreichtum
+ starkes Relief

- *Schleswig-holsteinisches Hügelland*

  Dreigliederung in Brandenburger, Frankfurter und Pommersches Stadium ist kaum erkennbar

- *Hügelland der vorpommerschen Inseln*

  Rügen, Usedom, Ummanz, Hiddensee, Vilm, Libitz, Öhe, Ruden, Oie

  Rügen und Usedom sind aus mehreren Moränenkernen mit holozän angelegten Nehrungen entstanden.

  →Endmoräne

  →Anlandungszone in Meereshöhe

  →Grundmoränenbereich in mittlerer Höhenlage

  Litorinatransgression: 7900-5700 v. h.

  Kliffbildung

  6000 v. h. Nehrungsbildung

  Litorinameer = Höchststand

  →Limnaeameer (Absinken)

  postglaziale Erwärmung > Transgression des Weltmeeres

  Küstenformentwicklung im südlichen Ostseeraum

- *Grundmoränenplatten Vorpommerns*

geringe Reliefenergie → wegen gleichmäßigem, flächenhaften Niederschmelzen des Eises

wenig Endmoränenstaffeln und Sander

Ausgleichsküste: Zusammenwachsen von Fischland, Darß und Zingst

- *Mecklenburgisch-brandenburgisches Becken*

gekammerte Landschaft mit bewegtem Relief, aufgrund eines stark zerlappten Eisrandes

Beltsee-Inlandeisstrom → Zungenbecken
Litorinatransgression → Überflutung des Lübecker und Wismarer Beckens
Bützower und Güstrower Becken als Hohlformen-Rest

Oder-Inlandeisstrom Malchiner-, Tollensee und Ueckerbecken
= durch Gletscher übertiefte, schmale Zungenbeckenseen

➢ *Mecklenburgisch-brandenburgische Landrücken*

= Fortsetzung des schleswig-holsteinischen Hügellandes
kuppige Grundmoräne zwischen holsteinischen Seen und dem Schweriner See
40km breiter Naturraum
östlich: Großseengebiet: Mecklenburgische Seenplatte, Toteislöcher (Sölle)

➢ *südliches Vorland der mecklenburgisch-brandenburgischen Landrücken*

Ex- Schmelzwasserlaufbahnen prägen den Raum, N-S-Verlauf
Nordgrenze = Endmoräne des Frankfurterstadiums
Südgrenze = Eberswalder Urstromtal

➢ *brandenburgische Platten und Urstromtäler*

Maximalvorstoß → Moränenwall
etappenweises Abschmelzen →Schmelzwasserabflussbahnen nordwärts, mehrfaches Durchfließen der Urstromtäler
Toteisabschmelzung → Unterteilung zwischen Elbe und Oderspreewald
Ver- / Umschüttung → Aufgliederung in Platten und Niederungen im Havelland
abflusslose Hohlformen

1.3 Altmoränenland

- *Elbtal*

HH – Riesa (=westl. von Dresden)

n-w Fließrichtung, etappenweiser Wechsel der Fließrichtung

asymmetrischer Strombaum

- *Schleswig-holsteinische Geest und Prignitz*

Geest : trocken, unfruchtbar

hohe Geest: Grundmoränen, Endmoränen, Sander, zahlreiche isolierte Platten

niedere Geest: Schmelzwasserablagerungen, Schlauch- oder Flächensander

- *Staader Geest und Südlicher Landrücken*

530 km langer Korridor von Cuxhaven bis Görlitz

Südl. Landrücken = 2 Haupteinheiten: End- und Stauchmoränenrelief (Hagelberg 201m)

ältere Moräne der südlichen Abdachung

Flach- und Hochmoore: 30 % des Raumes

Sander: Nord- und Südheide; n= bewegtes Relief, s = monotone Sanderfläche

- *Westniedersächsische Geestplatten und Niederungen*

Ems - Weser W→O

Marsch - Mittelgebirge N→S

Niederungen: heute Mittellandkanal

Nieder- und Hochmoore

- *Hannoversche Geest*

vermoorte Niederungen

Steinhuder Meer: durchschnittl. Tiefe 2m !

Lößzone am Südrand: Teil der Bördenzone

Übergang Geest – Mittelgebirge/Harzvorland

Börde: von bören = tragen, ertragreich sein → Bodenfruchtbarkeit

Löß ist mineralreiches Staubsediment

Große Flüsse des Altmoränenlandes = Ems, Weser, Elbe, z.T. Oder

Ems = Bsp. für ozeanischen Tieflandstyp: winterliches Maximum
sommerliches Minimum

1.4 Niedersächsisches Bergland

waldreich, bewegtes Relief, kleinräumig gegliedert

Weser, Eichsfeld, Harz

mesozoische Ablagerungen = Deckgebirge
bestehen aus Kalk- oder Sandsteinen
teilweise Vulkanstile

bruchtektonischre Eintiefung = Leinegraben

Bundsandsteinhochflächen: Solling, Bramwald

Randgebiete aus Muschelkalk und Keuper

2 Klimatische Differenzierung

Deutschland: westwindgeprägte Mittelbreiten

norddeutsches Tiefland: Dominanz der Winde aus W

- Frühjahr: Großwettertyp nord, Verzögerung der Erwärmung
- Sommer: ozeanische geprägt, regnerische und kühle Sommerwitterung
  HauptNSmonate = Aug. (Küste) und Juli (Land)
- Herbst: Okt. Hochwetterlage, Altweibersommer
- Winter: atlantische geprägt, ausgiebige NS

▲ Küste - Binnenland – Mittelgebirge

▲ W→ O Temperatur und NS:

Lufttemperatur Anstieg nach O
Grundmoränen und Sander speichern Wärme
Urstromtäler und Niederungen nicht

NS: sommerliches Maximum
! Ost- und Nordfriesische Inseln Max. im Spätsommer / Herbst
Lee-Effekt

3 Vegetation

▲ zwischen atlantischen und ozeanischem Klima

▲ zwischen Luv- und Lee-Seite
Rekonstruktion der Entwicklung der Vegetation durch in Mooren konservierte Pollen.

erst: Birke + Kiefer 7500 v. h.
später: Hasel, Ulme, Eiche, Fichte, Linde, Esche, Erle 5500 v. h.
dann: Tanne, Hain- und Rotbuche 3500 v. h.

bäuerliche Wirtschaftsweise ab 4500 v. h.
→ Eingriff in die Vegetationsentwicklung: Rodung von Standorten mit leicht bearbeitbaren Böden

Kolonisation des MA
- massiver Siedlungsbau
- Zurückdrängung des Waldes
- Dreifelderwirtschaft ➔Wild- und Unkräuter

geregelte Forstwirtschaft ab Ende des 18. Jhs.:
- planmäßige Aufforstung
- Kiefer und Fichte = typ. für Sandböden

Intensivierung der Landwirtschaft →Rückgang der Pflanzen- und Tierarten
Klima Mitteleuropas = Buchenklima (> niedersächsische Bergland)

4 Böden und Bodenschätze

Norddt. = Zone der Braunerden bzw. Parabraunerden

aber: Böden zwischen Ems und Oder sind vielgestaltig

steuernde Faktoren = Ausgangsgestein
Regionalklima
Relief
hydrologische Bedingungen
Vegetation
Tierwelt
menschliche Einflussnahme

- Küste: Marschen und Flussauen
  Gruppe der Grundwasserböden
  salzhaltige Seemarsch →Eindeichung
  Kalkmarsch→Kalkentzug
  Kleid- und Knickmarsch

- Jungmoränengebiet: nlich. Parabraunerde, Pseudogleie, Gleie aus Geschiebemergel, Lehm, lehmigen Sanden
  slich. Braunerden, Podsolebraunerden, Fahlerden

- Geest: Podsole od. lessivierte Braunerden
  Hoch- und Niedermoore bilden humusreiche, saure Böden

- Bördenzone: Lößdecke in hohen Lagen saure Braunerde
  in tiefen Lagen Parabraunerde
  an regenarmen Stellen lessivierte Schwarzerden

- Niedersächsisches Bergland: Braunerden
  Ranker od. Rohböden, Rendzinen

<u>Bodenschätze:</u>

quartärer Untergrund: Tone, Sande, Kiese, Schotter
Expansion der Sand- und Kiesgruben → Betonbauweise

präquartärer Untergrund: Erdöl-, Erdgasvorkommen
Kalisalz, Salz, Kreide

tertiärer Untergrund: Braunkohle (Niederlausitz)
Eisenerzlager (Peine/Salzgitter)

5 Natürliche Gunst- Ungunsträume

- *Küstengebiet*

Übermaß an Bodenfeuchtigkeit

= ackerbaulich sehr ertragreich nach Eindeichung, Entsalzung, Entwässerung

Dünenstandortböden = nährstoffarm

Moore und Brüche sind Ungunstgebiete

- *Jungmoränenland*

Gunstraum = Gebiet mit nährstoffreichem Geschiebelehmdecke und ausreichender Entwässerung

Ungunstraum = stark reliefierte Partien
abflusslose Senken
vernässte Rinnen
trockene Sandgebiete

- *Altmoränenland*

Gunstraum =Bördenzone
gut durchlüftete und tiefgründige Parabraunerden und Schwarzerden

Bergland = Gunst- und Ungunstraum

Gunstraum = Leinetal und nördliches Bergland Auelehmböden
lößbedeckte Talflanken

Ungunstraum = südliches Bergland raues Klima
Bundsandstein

<u>Die Entwicklung von Umwelt und Kulturlandschaft bis zum 19. Jh.</u>

6 Raumstrukturen der vor- und frühgeschichtlichen Zeit

Aufkommen der ersten bäuerlichen Kulturen: Eichenmischwälder
Wachstum der Moore

Brandkeramiker auf fruchtbaren Lößböden Hildesheimer und
Magdeburger Börde

dichte Wälder

Sand- und Kiesböden in den Talauen

Veränderung der klimatischen Bedingungen → Meerestransgression
Überflutung

Verlagerung der Siedlungen von Jungmoräne auf Sander und
Altmoränen (isolierte Siedlungskammern)

Standorte sind ertragreich, aber verarmen rasch

„Herrenhof“ als Zentrum der Produktion und des Handels

lokale Eisengewinnung und –verarbeitung → Neuentwicklungen in der
Pflugtechnik

soziale Schichtenbildung bei den Germanen

Orte mit gewerblichen Sonderfunktionen

2 Räume, Formen, Etappen des mittelalterlichen Landausbaus

2.1 Frühmittelalter und fränkische Staatskolonisation

Altsiedelland: Anfänge des bis heute bewohnten Siedlungsnetzes

- Elisenhof = Bsp. für fma. Marschsiedlung
  Wurt
  Extremfall (einseitige Ernährung und Lage)
- Sandige Geest
  Einzelsiedlungen → Gruppensiedlungen
  Wechselwirtschaft → Dauerwirtschaft
  Plagendüngung, Anbau im Einfeldsystem
  Auftragsboden(humos und nährstoffreich) entstand über Sandboden
  Erhaltung kleiner Eschflächen → Opferung großer Waldareale
  Heidegebiet in N-W-D ≠ natürlicher Vegetationstyp
  = anthropo-zoogene Ersatzgesellschaft

- überregionale Handlesplätze z.B. wikingerzeitliche Siedlung *Haithabu*
  = Nahtstelle des N- und O-Seehandels
  Fernhandelssiedlung, kurze Blüte 804- Mitte 11. Jh.

- fränkische Staatskolonisation
  planmäßige Gründungen
  Integration des Sachsenlandes
  fernstraßenorientierte Einzelhöfe, Breitstreifenflur
  Salhof umgeben von Siedlungen mit Sonderfunktionen / Holzdorf

Germanen	Elbe		Slawen
Endungen *–leben*		Saale	Endungen *–au* und *-itz*
			weilerartige Kleinsiedlungen,
			Einzelhöfe und Viehwirtschaft

2.2 Landausbau im hohen Mittelalter

Landesausbau und Kolonisation

- Entwicklung im Altsiedelland

    Vergetreidung = Voraussetzung für n-w-dt. Eschwirtschaft
    Zurodungen an Gemarkungsrändern
    Kämpe werden zusätzlich als Ackerland genutzt

    Altbauern + Altkötter
    gesellschaftliche Differenzierung der bäuerlichen Gesellschaft
    Verdichtung der Besiedelung
    Intensivierung der Bodennutzung

    Kernflur auf Uferwall (Wurt) Deichanlage; Entwässerung,
    Erschließung, Parzellierung
    = innerer Ausbau
    wirtschaftlicher Hintergrund = Binnenhandel mit HH und HB
    1. Blütezeit der Landwirtschaft der Marschen ≈1200

- Ausbaugebiete

    gelenkte Rodung
    planmäßige Besiedelung
    zunehmende Umgestaltung der Standorte 2. Wahl

Epoche der Umweltgeschichte: Verschwinden des Offenlandwaldes

↕

offene Agrarlandschaft mit lichten Wäldern

Ende des Waldbauerntums, Ausbreitung des Heidebauerntums

Lokator = erzbischöflicher Siedlungsplaner

Holler-Kolonisation → Marschhufensiedlungen

Entwicklung des Deich- und Entwässerungswesens

Tiefland ↔ Mittelgebirge Vorland der Bückeberge

Hagenkolonisation

> Hausstellen mit Einödstreifenflur

> Kolonisten erhalten Hägerrecht

> Hagenhufendörfer

- Ostkolonisation

  6./ 7. Jh.; = politisch gesteuerter Vorgang

  alt- und jungbesiedeltes Land

  Basis der Differenzierung

  = naturräumliche ▲zw. Grundmoränenplatten und Niederungsgebieten

  östliche des Limes Saxoniae: Rodungen → Machtzuwachs, Grenzsicherung Christianisierung

  Kaufmannssiedlungen

  Lübeck löst Haithabu ab

  Zeilen- und Platzdörfer mit regelmäßiger Streifenflur

  „Alten Lande"

  Verzahnung von dt. + slaw. Besiedlung

  - Meckpom: westl. Schweriner Sees: Gassen- Sackgassen- Platzdörfer

    östl. Angerdörfer

- Wismarbucht, Rostock, Greifswald: Hagenhufendörfer
- Rügen ≠ erfasst von Ostkolonisation: regellose Kleinformen
- Brandenburg: Straßen- und Angerdörfer

Hufschlagland

Dreifelderwirtschaft (Wintergetreide, Sommergetreide, Brache)

„Neuen Lande"

1230 – 1270

einheitliche Besiedelung; großflächige Rodung

Grundlage des heutigen Städtenetzes → viele Stadtgründungen

(Ostkolonisation und Hanse)

2.3 Landausbau im späten Mittelalter

östlich der Elbe: Kolonistenstädte mit □ Marktplatz und ∟ Straßensystem

Altsiedlungsräume: Verdichtung der Siedlungen Haufendörfer

Dreifelderwirtschaft

unterbäuerliche Schichten Besitz außerhalb der Kernflur und eingeschränkte Rechte an der Allmende

holländische Siedlungen: expandieren an Rändern

Neugründungen im Moor

Moorhufensiedlungen

Ackerbau (Buchweizen)

Viehwirtschaft (Niedermoor, Grünlandanteil)

Fischerei

Torfabbau

Rodungsgebiete: Feld-Gras-Wechselwirtschaft

2.4 Wüstungsperiode

1320/30 Siedlungsraum schrumpft; Aufgabe von Siedlungen ➔ Wüstungsperiode

↓ Hungersnöte, Pestepidemien, Agrarkrise

Wüstungsperiode ↓ genereller Verlust an kulturlandwirtschaftlicher Substanz

W → O : zunehmender Wüstungsquotient

Ems – Weser < 10 %

Weser – Elbe ≈ 20 %

östl. Elbe >> 20 %

Siedlungsverlust im Küstenbereich ist natürlich bedingt

Marcellusflut 1362

2.5 Mensch und Umwelt

MA =Zeit der großen Rodungen

neue Techniken + Bodennutzungssysteme

Eingriff in klimatische und edaphische Ungunsträume

↓

keine dauerhafte Existenzgrundlage; Fehlsiedlungen

↓

Beseitigung durch Wüstungsperiode

Wald:

massive Schädigungen in den Heidegebieten der Geest

multifunktionaler Nutzungsraum: Waldweide

Holzeinschlag

Sammelwirtschaft

Gras-, Laub-, Streunutzung
Köhlerei
Waldbienenwirtschaft
Teer- und Pechgewinnung

Feuchtgebiete:
Meerestransgression
Salztorfabbau → Vordringen des Meeres; Landverlust
Flachmoorbildung

Grenzräume = ökologisches Experimentierfeld !!!

3 Neuzeitliche Kolonisation

spätes MA = Wüstungsperiode → frühe Neuzeit = Ausbauzeit
steigende Getreidepreise
deutliches Bevölkerungswachstum

Landesausbau: > Angliederung von Wüstungsfluren
> Neuordnung, Neuverhufung, Großfelderwirtschaft
> Neulanderschließung: Kultivierung des Feuchtlandes
(eindeichen und trockenlegen)
> wüste Stellen ≠ wiederbesiedelt worden
Heimfallsrecht
Ausweitung des Ackerlandes
Wandel der Gesellschaft
Aufschwung der Rinderhaltung
Koppelwirtschaft (Ackerjahre + Weidejahre)
technischer Fortschritt
17./18. Jh. Differenzierung des ländlichen Raumes

Gutshof: Getreidebau; Schäferei; Meierei
Anbau von Handels- und Manufakturpflanzen
Leibeigenschaft und Erbuntertänigkeit

Expansion von Kleinst- und Nebenerwerbsbetrieben

↓ ↓

Intensivkultivierung — Heuerlingsstellen, Arbeiterpächter
Wanderarbeiter, Heringsfischer

- NW → Einfelderwirtschaft übertragen nach Süd-Mecklenburg
- Bereich der Ostkolonisation und Bördenzone → Dreifelderwirtschaft
- küstennahes Mecklenburg und Holstein → Mehrfelder- / Koppelwirtschaf

Beispiele:

- Rügen: geringe Siedlungskonzentration
  Weiler; Einzelhöfe
  Koppelwirtschaft ab 1780
  slawisches Rückzugsgebiet
- Emsland: planmäßiger Landesausbau Ende 18. Jh.
  17 Neusiedlungen ab 1788 auf Anweisung
  Problem: keine Absprache mit Nachbarn
  Moorbrandkulturen
  Heuerlinge werden entsandt → Hollandgänger
- Drömling: umsichtige Planung, ohne Zeitdruck
  geregelte Peupelierung (= zielbewußte Besiedelung zum Ausbau des Siedlungsnetzes) bis 1793
- Oderbruch: 1747-1753
  Kanalbau = Vorarbeit für Urbarmachung
  Gefälleverstärkung der Oder
  regelmäßige Zeilendörfer mit hofanschließender Streifenflur

- Havelland: Bevölkerungsverlust → Ausgleich durch Ansiedlung von Schweizer Bauern
- Residenzstädte:

  Berlin: Residenzfunktion + Fürstenstadt
Repräsentationsbauten, Manufakturen
→ Raumwirksamkeit

  Mecklenburg: Neustrelitz
Ludwigslust 1776
Putbus 1845

  Glücksstadt: Gründung des dänischen Königs
Festungsstadt, 12 Radialstraßen 1641
Konkurrenzgründung zu HH

  Friedrichsstadt: □ Stadtplan
für niederländische Glaubensflüchtlinge
Grachtenring + Bürgerhäuser
→ holländisches Aussehen

4 Rahmenbedingungen

- Boden und Klima

  Siedlungsplätze entlang natürlicher Uferwälle an Flüssen und Prielen
in Ökotropengrenzlage (feucht / trocken)
- Wirtschaft Abschwächung der natürlichen Faktoren
- Gesellschaft vielgliedrige bäuerliche Gesellschaft
nach Berufen unterteilte städtische Gesellschaft
▲ Stadtbevölkerung ↔ Landbevölkerung in Rechtsqualität
- Innovationen Neubewertung des natürlichen Potentials

Stadtentwicklung und Industrialisierung

Stadtentwicklung beginnt im MA
8./9. Jh. Vorformen
Angliederung eiern Kaufmannssiedlung (Wik)

Mutterstädte	Gründungsstädte	Kolonisationsstädte
Lage an der Haupt-	v.a. ab 13 Jh.	Parchim, Güstrow
verkehrsachse	HL, HR, HW,	Neubrandenburg
HH, HB, Minden,	Stralsund, Greifswald	Frankfurt(Oder)
Osnabrück, Hildesheim,	planmäßige Fernhandels-	
Braunschweig, Helmstedt	gründungen	

Städtetypen ▲im Baustoff und ▲ in der Hausform
Lüneburger Backsteinbau
Osnabrücker Strukturfachwerk
Schmuckfachwerk des Wesergebietes
Backsteinbau der Küstenzone
märkische Backsteingotik

1 Kulturlandschaftsumbau im Zeichen der Industrialisierung

1.1 Dynamische Entwicklung in Residenz und Hafenstädten

- Hamburg: seit 1600 stürmische Entwicklung
  1800 3fache Bevölkerung
  Trennung von Wohnen und Arbeit
  Waren- und Finanzzentrum Mitteleuropas
  nach Altstadtbrand 1842 → neue Planung
  ländliche Gemeinden weisen nach Hamburger Torsperre 1860/61
  Bauparzellen aus →Wohnraum für Verdrängte City-Bevölkerung

Schichtspezifische Differenzierung der Stadtteile

technische Neuerungen: Verkehrssystem
Wasser-Gas-Stromleitungen
Telegraphennetz

City-Expansion ➔ Umnutzung von Stadtvierteln

Brookhalbinsel → Speicherstadt (24.000 Menschen müssen raus!)

Straßendurchbrüche + Flächensanierungen ➔ Weltstadt

- Berlin: bedeutendster Fernhandelsknoten im Eisenbahnnetz
  Konfektions-, Maschinen-, Metallindustrie
  Handel + Produktion + Banken-/Börsenplatz

  Mietkasernenviertel entsteht im Wilhelminischen Ring = Arbeiter
  Dorotheenstadt = Oberschicht
  Aufschwung des produzierenden Sektors in der Gründerzeit
  Bekleidungs-, Elektro-, Chemische Industrie, Fahrzeugbau
  ↓ ↓ ↓ ↓
  = Hinterhofindustrie Randwanderungen

- Bremen: Eisenbahnanschluss
  Hafenausbau: Handels-, Industrie-, Passagier- und Fischereihafen

- Kiel: Ausbau der Werften
  Entstehung von Mietskasernen

- Hannover: 1800 Abtragung des Festungsgürtels → Expansion
  Baumwollspinnerei, Gummiwerke, chemische Fabrik
  zuerst im Citybereich später außerhalb

- Osnabrück: Aufbau der Industrialisierung auf nahegelegenen Rohstoffen (Kohle und Eisen)
- Braunschweig: bis 1860 größte Stadt Niedersachsens
  ringförmige Wachstumszonen rundum den Wall
  landwirtschaftliche Aufbereitungsindustrie

↓

rasantes Bevölkerungs- und Flächenwachstum

innere Differenzierung: industrielle und andere Arbeitsplätze
Wohnviertel
Arbeiterviertel
Industrieviertel (Bahnhofs- und Hafenbereich)

1.2 Verzögerte Entwicklung, Stagnation und Regression in peripheren Räumen

- Niederlausitz: Braunkohlegruben, Brikettfabriken, Kraftwerke, chem. Industrie
- Lübeck, Rostock, Wismar, Stralsund, Greifswald
  Industrialisierung kompensiert Wegfall der Außenhandlesbeziehungen nicht!

↓

Sog der Städte HH und HB

Auswanderung nach Amerika

2 Ausbau und Festigung industrieller Strukturen

2.1 Neuansätze und Probleme der 20er Jahre

raumordnerische Bemühungen:

- Wohnungsbau: Genossenschaften
  gestaltendes Wohnen: Mietshausbebauung in
  zufällig gewachsenem Straßennetz
  Blockrandbebauung
  Reduzierung der Geschosszahl
  Grünflächen in Innenhöfen
  Fassadengestaltung: Neue Sachlichkeit (puristisch)
  ↓↓↓ Expressionismus (ornamental)
  Glas Beton Stahl
- Grünflächenplanung: grüne Innenhöfe
  Volksparks
  = problematisch in dicht besiedelten Gebieten
- Verkehrssysteme: Straßenbahn –dichtes Netz an Haltepunkten
  U-Bahn – große Distanz
  S-Bahn – Hauptverkehr

enormes und ungestümes Wachstum der Städte

Berlin: 1920 Einheitsgemeinde Groß-Berlin mit 8 Städten,
59 Landgemeinden und 27 Gutsbezirken

Hamburg: 1937 Stadtkreise (Altona, Wandsbeck, Hamburg Wilhelmsburg)
und 27 Landgemeinden

Idee der Gartenstadt

Kleinhaussiedlungen

2.2 Konzentration und Dekonzentration im Rahmen der Autarkie– und Rüstungspolitik der NS Zeit

- Antiurbanismus / Laubenkolonien für Arbeitslose = Behelfsbauten
  große Achsen ↔ enge Wohngebiete
- ländlicher Raum
  Neusiedlungsprojekte, Moorkolonisation, Köge
- industrieller Bereich
  Autarkie- und Rüstungswirtschaft
  neue Standortelemente
  Abzug von Rüstungsindustrie aus Ballungsgebieten
  Expansion militärisch genutzter Flächen
  Zwangsarbeiterlager
  1938 Wolfsburg: Stadt des KdF-Wagens
  Salzgitter: Reichswerke für Erzbergbau und Eisenhütten
  2. WK → 52 % HH 32 % B = zerstört
  struktureller und funktionaler Niedergang
  millionenfaches menschliches Elend

3 Wirtschaftsräumliche Gliederung

- räumliche Disparitäten
  Großstadtstruktur
  verspäteter Anschluss von Klein und Mittelstädten an die wirtschaftliche Entwicklung
  Dekonzentrationserscheinungen
- Landwirtschaft
  Gemüse, Obst → Einlegebetriebe
  Gartenbaulandschaft zum Zweck der Torfgewinnung
- Erholungs- und Feriengebiete (KdF Bad Prora)

Getrennte Entwicklung von 1945-1990

1 Nordwestdeutschland – Raumentwicklung unter marktwirtschaftlichen Bedingungen im pluralistischen Gesellschaftssystem

Verbesserung der Lebensbedingungen in allen Räumen

↓

Ausbau der Infrastruktur
des Wohnungsbaus
der Umweltqualität
der regionalen Wirtschaftsstruktur

1.2 Bevölkerung und Siedlung

NWD = 18 % der Fläche Deutschlands
= 15 % der Einwohner
Bev.dichte = 197 E/km² (Deutschland = 228 E/km²)

- Bevölkerungsverteilung

nördl. Rand der Mittelgebirge : hohe Bev.dichte
Dominanz alter Zentren: Osnabrück, H, Hildesheim, Braunschweig
Leinetal, Harzrand, Wesertal
Weserbergland = dünn besiedelt

- natürliche Bevölkerungsentwicklung
  Rückgang Mitte 60 er Jahre
  kein nat. Bev.wachstum mehr

- Wanderungen
  - nach 2. WK enormer Zustrom aus = in ländliche Räume
  - 50er Jahre Wirtschaftswachstum → in Städte
  - Ursachen: beruflich - sozial – altersmäßig
  - Attraktivität eines Raumes → Zuwanderungsüberschuss
  - mangelnde Wirtschaftskraft → Abwanderungsüberschuss
  - geringer Ausländeranteil
  - Trend zur Wanderung in Kernstädte

  Überalterung der Bevölkerung

  Citybildung

  Märkte am Stadtrand ⇔ Kaufkraftentzug der Kernstadt

1.2 Landwirtschaft

- Erwerbstätige: rapider Rückgang
  - familienfremde Lohnarbeitskräfte fallen weg
- Betriebsgrößenstruktur: Abnahme der kleinsten Klasse (1-10 ha)
  - 50 ha nehmen zu
  - mehr Neben- und Zuerwerbsbetriebe
  - weniger Haupterwerbsbetriebe
- Agribusiness: vorgelagerter Bereich = technische Voraussetzungen
  - Landbau = bäuerliche Produktion
  - nachgelagerter Bereich = Verarbeitung der Erzeugnisse
  - beigeordneter Bereich = Koordination, Kontrolle, Leitung
- räumliche Differenzierung der landwirtschaftlichen Produktion

  Milchkuhhaltung im Tiefland

  Ackerbau in Jungmarsch

  Futterbaubetriebe im Marschgebiet

  Marktfruchtbaubetriebe in Bördenzone, Grundmoränenbereich

Veredelungsbetriebe
Dauerkulturbetriebe (geringer Flächenanteil)
Gemischtbetriebe
Erwerbsgartenbau

1.3 Industrie und Verkehr

sektoraler Strukturwandel

Steuerungspunkte = Abkehr von Autarkiepolitik
massenhafter Zustrom von Ostvertriebenen
Teilung Deutschlands
Einbindung in EU

➢ Bedeutungsrückgang des 2. Sektors
NW unausgeglichene Wirtschaftsstruktur
Hafenstandorte + einzelne Großstädte in Bördenzone = industrialisiert

➢ Ebenen der Industrialisierung
spezifische Branchen sind unabhängig con Rohstoffbasis und Primarenergierohstoff
arbeitskostenintensive Branchen → Billiglohnländer
steigender internationaler Konkurrenzdruck
Firmenzusammenschlüsse + Rationalisierung

1 flächenhafte Ausbreitung der Industrie
weg vom Rohstoff
räumliche Dispersion → ländliche Gebiete: Aktionsprogramme
(Steuererleichterung + Investitionszulagen)
v.a. Filialbetriebe
▲ Randkreis der Ballungsgebiete⇔ entlegene ländliche Regionen in verkehrsferner Lage
Suburbanisierung der Bevölkerung und des Gewerbes

2 sektorale Selektion

schrumpfende, stagnierende Industriezweige

- Textil → Südeuropa / Ostasien
- Lederverarbeitung, Schuherzeugung
- Bergbau, Holz-, Papier-, Pappeerzeugung
- Eisengießerei, Feinmechanik

Wachstumsindustrie:

- Kunststoffverarbeitung
- Elektrotechnik
- Straßenfahrzeug-, Maschinenbau
- Chem. Industrie
- Druckereien
- Feinmechanik

3 Umorganisation

Gründungsschwäche im NW

forschungs- u. entwicklungsintensive Branchen im Umkreis von Universitäts- und Großindustriestandorten

Prod. Gewerbe v. a. Weser-Ems, Elbe-Weser-Winkel, Mittelholstein

private Dienstleister in großen Agglomerationen

öffentliche D- in Ballungsräumen

- Verkehrsnetz

Straßen: Hauptlast Pendler

Wasserstraßen > 20 % des Transportaufkommens

HH + HB wichtige Häfen im internationalen Verkehr

1.4 Fremdenverkehr

- Naherholung
  innerstädtische Erholflächen
  Anwachsen des Freizeitsektors: steigendes Einkommen
  abnehmende Wochenarbeitszeiten
  Jahresurlaub
  Motorisierung der Bevölkerung

- mehrtägiger Wochenendverkehr
  Ausbau bestehender Rekreationsräume an Küste und im Binnenland
  organisierter Massentourismus

➢ Ostseeküste
Ausbau, Nachfragerückgang → Umwandlung in Eigentumswohnungen

➢ Sylt
kaiserzeitlicher Fremdenverkehrsort
Bauboom, Nachfrage nach Wohneigentum
Kernumgestaltung
meernahe Verbauung+ permanenter Küstenabtrag = Problem

➢ Ostfriesische Inseln
teilweise dörfliche Struktur bewahrt
teilweise moderne Orte mit hochstehenden und differenziertem Freizeitangebot

➢ Binnenland
Lüneburger Heide= Überschneidungsbereich von Naherholung und Fremdenverkehr
Mineral- und Moorbäder
Kneipheilbäder
Städtetourismus – ganzjährig

1.5 Siedlungs- und wirtschaftsräumliche Strukturen

Bundesraumordnungsprogramm-Gebietskategorien:

- Verdichtungsräume
- ländliche Gebiete
- Gebiete, die zurückgeblieben sind, oder zurückzubleiben drohen
- Zonenrandgebiet

➢ zentralörtliches System
Institutionen mit Sonderfunktion
Internationale Messen (H)
„Teilhauptstädte“: Braunschweig, Flensburg
zwei Flächen und zwei Stadtstaaten

➢ wirtschaftsräumliche Struktur
große interregionale Differenzen
▲ Anteile an Dienstleistungen, Handel und Verkehr
Schleswig + Mittelholstein, Wilhelmshaven, HH, H, HB, Göttingen, Braunschweig
Marsch und Geestbereich = wirt. schwach

Charakterisierung des Städtesystems nach seiner Wirtschaftsstruktur [BLOOTEVOGEL + HOMEL]:

- besonders stark durch Dienstleistungen geprägt =
  = ehemalige Territorialstädte (Oldenburg, Lüneburg)
  = Hafenstädte mit bed. Marinestandorten (Wilhelmshaven, Flensburg)
  = Landeshauptstadt Kiel

- tertiäre Sektor hat hier einen Anteil von 55-65 %
  u. a. HH, HB, HL, Göttingen
- im sekundären und tertiären Sektor = 45 – 55 % Beschäftigte
- industriell geprägte Städte
  Beschäftigungsanteil von 55-65 % im sekundären Sektor
  Rhein-Ruhr-Gebiet, SW., von NWD, Emden und Delmenhorst
- stark industriell geprägt
  > 65 % im sekundären Sektor Beschäftigte
  Dominanz eines industriellen Großbetriebes: Wolfsburg, Salzgitter

2 Nordostdeutschland – Raumentwicklung unter planwirtschaftlichen Bedingungen im sozialistischen Gesellschaftssystem

soziales Eigentum an Produktionsgütern + ökonomische Gesetze des Sozialismus

sektorale Planung + Territorial-(Landes-) Planung

2.1 Bevölkerung und Siedlung

NOD = 12 % der Fläche Deutschlands
8 % der Bevölkerung

- Bevölkerungsdichte
  = unter dem Landesdurchschnitt
  Berlin = Bevölkerungsschwerpunkt

- Natürliche Bevölkerungsentwicklung

    70er Jahre Bevölkerungsüberschuss (Ende 1972)

    sozialpolitische Maßnahmen: Zunahme der Familien

- Wanderungen

    neg. Wanderungsbilanz in 4/5 der Gemeinden

    Ausdünnung des ländlichen Raumes

    intra- und interregionale (Berlin) Migration

    Typen von Wegzugsgemeinden :

    - Durchschnittstyp * > †
    - postprosperitärer Typ
    - Krisentyp

    wenig städtische Zuzugsgebiete + große ländliche Entleerungsgebiete

- Stadtentwicklung

    „soziale Stadt“

    Neugründung: Eisenhüttenstadt (Metallurgiezentrum)

    Ausbau zur sozialistischen Wohnstadt: Hoyerswerda → Großblockbau

    Rostock: Wiederaufbau des Stadtkerns

    Hafenausbau: Überseehafen = „Tor der DDR zur Welt“

    Schwerin: planwirtschaftliche Schwerpunktsetzung → Großstadt

    Neubaugebiete am Stadtrand

    Neubrandenburg: administrative Funktion: Provinzstadt→ Großstadt

    keine soziale Viertelbildung: geringe Einkommensdifferenz

    staatlich festgelegte Mieten

    gelenkte Wohnungsvergabe

    Berlin: Wohnkomplexe in Marzahn, Hohenschönhausen, Hellersdorf

    innerstädtische Altbaugebiete 1 –Personen-Haushalte

    randstädtische Neubaugebiete junge Familien, 3-4 Personen

>> historische Teilräume verfallen großflächig
eigene Stadtteile der Neubaugebiete entstehen in Plattenbauweise

2.2 Landwirtschaft

Umbau des Agrarwesens

(1) staatliche Bodenfonds bildet Neubauernwirtschaften + VEG
kleinbäuerliche Betriebe (< 10 ha) = 64,9 %

(2) Zusammenfassung der bäuerlichen Betriebe zu LPG
1952-1960
Arbeitsbrigade ersetzt individuelle Arbeitsform , Ø 280 ha Fläche

(3) Schaffung von Großbetrieben und Kooperationen
1960-1968, Ø 360 ha
Intensivierung der Agrarproduktion: Mechanisierung, Chemisierung, Bodenverbesserung, Züchtung
Verflechtung von Landwirtschaft und Industrie
Großflächenwirtschaft

(4) landwirtschaftliche industriemäßige Großbetriebe
Trennung von Pflanzen- und Tierproduktion
Schichtarbeit
Kooperationsverbände
Kombinate
Ø Fläche eines Pflanzenbaubetriebs = 4.317 ha
AIV (Agrar- Industrie –Vereinigung)

➢ Beschäftigte

hoher Ø Anteil an landwirtschaftlichen Erwerbstätigen
staatliche Subventionierung
verdeckte Arbeitslosigkeit

➢ räumliche Differenzierung ≠ !!!

hoher Grad an Selbstversorgung: Anbau von Getreide, Hackfrüchten und Futterpflanzen in allen Gebieten

- Futterbau: feuchte Niederungen des Jungmoränenlandes
- Gemischtbetriebe:
  höher gelegenen Grundmoränen Meck-Poms, Odergebiet
  Weizen, Gerste, Kartoffel, Futterpflanzen
- Blatt-Früchte-Getreideanbau: Flottensandgebiet
- Dauerkulturen Havelländisches Obstgebiet um Werder
  Feldgemüsebau im Oderbruch
  Spreewald (Gurken)
  Magdeburger Börde (Zwiebel)
- Veredelungsbetriebe
  Kombinat Industrielle Mast KIM
  KIM Neubukow → Eier
  KIM Grimmen → Brathähnchen
  KIM Ferdinandshof →Rindermastbetrieb
  KIM Eberswalde → Schweine

entscheidend für Standortwahl = Marktnähe + seuchenhygienische Aspekte

Eckpfeiler der Landwirtschaft der DDR = fehlende Einbeziehung in internationalen Markt + sozialistisches Eigentum an Produktionsmitteln

2.3 Industrie und Verkehr

industrielle Großbetriebe entschädigungslos enteignet → VEB

NOD ist industriell wenig entwickelt

stattliches Aufbauprogramm [HASENPFLUG und KOWALKE, 1991]

(1) Errichtung einer Schwerindustriellen Basis, 1949 –1958

(2) regionaler und sektoraler Ausbau der Industrie, 1958-1980

„Chemieprogramm", Schiffbau, Lebensmittelindustrie + Landmaschinenbau als ‖ zur Landwirtschaft

(3) Intensivierung und Rationalisierung, 1981-1990

Städte sind geprägt von einem Großbetrieb

- Umweltbeeinträchtigung

Gewässerbelastung durch chem. Industrie (Spree, Oder)

Luftverschmutzung durch Braunkohletagebau (Cottbus)

Bodenkontamination v.a. an militärischen Standorten

- Schwerindustrie

Eisenhüttenkombinat Ost (EKO) = landesweites Zentrum für Roheisenproduktion

Nachfolge und Ergänzungsbetriebe

- Maschinenbau, Werftindustrie:

‖ ZU Schwerindustrie ↓

eigene Hafenversorgung

Zulieferbetriebe im Binnenland

- Chemische Industrie

Erdölkombinat, Braukohle, Cottbus = Energiezentrum der DDR

- Textilindustrie

Teppichwerke Nord in Malchow

Kleiderwerke in Güstrow

Verkehr

Nordmagistrale Berlin-Rostock

abnehmende Bedeutung: Eisenbahn + Binnenwasserstraßen

Überseehafen Rostock = bed. Handels- und Ölhafen

2.4 Fremdenverkehr

Umwandlung von Privatbesitz in sozialistische Eigentumsformen

Umstrukturierung der touristischen Einrichtungen

Ziele des planwirtschaftlichen Sozialtourismus:

- Enteignung und Übertragung von Unterkünften, die
  Vertriebe der das Militär belegten
  Initiativen von Privatleuten, Betreiben, Kommunen
- 1952 Verwaltungsreform
  Leitung und Planung = staatliche Angelegenheit
  Nutzung des Potentials an alten Badeorten
- Prosperitätskrise in 60er Jahren
  vereinzelt Prestigebauten
  Unterkünfte in schlechtem Zustand
- Verbesserung der wohnfeldbezogenen Naherholung
  Datschen
  Überlagerung von Naherholungs- und Feriengebiet

➢ Ostseeküste

1/3 des binnenländischen Tourismus

Ausbau von Campingplätzen → Eutrophierung, Boden + Veg. Schäden

infrastrukturschwacher Massentourismus

staatlich zugewiesene Ferienplätze Zinnowitz = Bad der Werktätigen

➢ Seeplatte

im Zentrum viele touristische Einrichtungen

Überlastung durch Überlagerung von Naherholungs- und Feriengebiet

- Berlin

Nah-, Ferienerholung, Urlaubsverkehr und Städtetourismus

- Spreewald

altes Fremdenverkehrsgebiet

2.5 Siedlungs- und wirtschaftsräumliche Strukturen

NOD = gering industrialisiert, agrarisch geprägt

Umbau der Kulturlandschaft → sozial. Eigentum an Produktionsmitteln

begrenzte wirt. Kapazitäten

Kulturlandschaftsausbau ≠ Persistenz überkommener Strukturen
= Struktureller Dualismus

Campingarealbau

Industrie: prod. Gewerbe 30 –50 % Anteil, aber in wenigen Standorten
Berlin und Cottbus = Sonderfälle im gering industrialisierten N

3 Konvergierende und divergierende Entwicklungen

unterschiedliche ökonomische Systeme:

NW	NO
soziale Marktwirtschaft	sozialistische Planwirtschaft

- Bevölkerungsgeographie
- Städte

City	Verfall alter Substanzen
Suburbanisierung	Wohnkomplexe
soziale Segregation	demographische Segregation

- Landwirtschaft

	autarkieorientierte Produktion
	ideologische Lenkung des Agrarsektors

- Industrie und Verkehr

High-tech-Industrie	Kohle → Petrochemie
Niedergang ganzer Industriezweige	

- Fremdenverkehr

differenziertes touristisches Angebot	subventionierter Sozialtourismus

<u>Aktuelle Raumstrukturen und Raumprobleme</u>

Bevölkerung und Wirtschaft muss sich an neuen Leitlinien orientieren
Transformationsprozess der Ex-DDR
räumliche Entwicklung von Ems – Oder
kleingliedrigere Kreise → großflächige Kreise
dezentrale Konzentration

1 Bevölkerung

push und pull Faktoren
Massenabwanderungen 1989 / 90 → Binnenwanderung
W – O –Migration = Führungs- und Ausbildungskräfte
Aufbau neuer Länder
temporäre Migration
Pendlerstrom
NO- Bevölkerungsverlust v.a. in benachbarte Bundesländer
später auch regionsferne Ziele
Altindustrialisierte, monostrukturierte Räume = stärker betroffen als Agrarräume
demographischer Teufelskreis verstärkt sich: Überalterung
Abwanderung junger Leute
ab 1992 Bevölkerungsgewinn in Gemeinden um Berlin
Probleme = Wohnraumversorgung + Arbeitsplätze

2 Landwirtschaft

Agrarpolitik steuert

europäisches Marktordnungssystem

LPGs /VEGs = unterlegen, wenig Erfahrung mit Konkurrenz

Insel Poel: Flächenstillegung, Extensivierung, Auflösung

abnehmende Bedeutung der Fischerei

Tendenzen ab 1993

Übernahme der LPGs /VEGs durch Einzelunternehmer / Personengesell.

Anbaustruktur + Hektarertrag im NW und No gleichen sich an

Verbesserung der Qualität	Halten der Marktanteile
	teilweise Steigerung

LW-Bevölkerung steigert Produktion → Einkommenssicherung

Mangel an Eigenkapital, schwierige Kreditbeschaffung, hohe Schulden

Flächenstruktur:	Rückgang der Getreideflächen
	Zunahme des Waldes / Grünlandes
Betriebsstruktur:	obere Größenklassen > 50 ha nehmen in Niedersachsen und Schleswig-Holstein zu
	Wieder- / Neueinrichtung in NO,
	Zusammenlegung → neue Großbetriebe

Beschäftigungsabbau

Mechanisierung

Rückgang von Pestizideinsatz

3 Industrie

NO strukturelle und sektorale Defizite in Industrie und Gewerbe

NW dynamisch räumlich differenzierte Entwicklung

schwieriger Prozess der Privatisierung der Kombinate

- Schiffbaubranche:

Spezialisierung der Werften auf Container, Kühl- und Kreuzfahrschiffe

Bau von Fähren, Fischereischiffen

Diversifizierung

- Technologie- und Gründerzentren (TGZ)

Forschung und Entwicklung (FuE)

Neuaufbau industrieller und gewerblicher Strukturen

- Gewerbegebiete

viele ≠ orientiert am örtlichen Potential

rund um Berlin aber schon!

- Eisen- und Stahlindustrie

Schrumpfung

EKO in Eisenhüttenstadt → Transformation (Verkleinerung der Belegschaft)

↓

EKO – Stahl GmbH Ausgliederung / Outsourcing

- Braukohletagebau

Akzeptanzverlust

4 Städte

steigende Mobilität + verbesserte Erreichbarkeit

steigende Anzahl der Einpersonenhaushalte

Steigerung der Wohnfläche pro Person

Stadtökologie

Dorferneuerung

➢ räumlich-funktionale Umwertung

Einzelhandel in Altstadt

altstadtnah → Luxusmodernisierung od. langsame, zähe Sanierung

Ex-Werksiedlung → Wohngebiet

randstädtisches Neubaugebiet soziale Heterogenität schwindet

Stadtrand: Einkaufszentrum auf der „Grünen Wiese“

➢ Modellstädte

1990 Stralsund und Brandenburg

1991 Cottbus und Güstrow (Altstadtwiederbelebung)

Revitalisierung historischer Stadtkerne

5 Verkehr

➢ Seeverkehr

Container- und Trailerverkehr

hafeneigene Infrastruktur

Nordseehafen → erfolgreicher Anpassungsprozess

Umstrukturierung des HH-Hafens: Ausweitung und Distribution

Kiel, Lübeck expandieren

Wismar, Rostock Umschlagrückgang

Ausbau der Binnenwasserstraßen:	Mittellandkanal
	Elbe-Havel-Kanal
	Untere Havel-Wasserstraße

- Bahn

H - Magdeburg – B = wichtige W-O- Magistrale

Plan HH-B Transrapid

- Straße

Neubaumaßnahmen W-O-Verbindungen

- Luft

projektierter Großflughafen B - Brandenburg International BBI → Standort ?

6 Freizeit und Tourismus

Saisonalität + Schwankungen konjunkturell bedingt

Großereignisse als Magnet

Imageaufbesserung durch Restauration von Prachtbauten

Bädertradition

Erlebnisbäder

Naturparks → Überbeanspruchung →Lenkung

innerdeutscher Wettbewerb

7 Umwelt

steigendes Umweltbewusstsein

Böden: Altablagerungen/Deponie, Siedlung darauf !!!

Altlasten auf ehem. militär. Gebiet→ Renaturierung

Verkürzung der Deichlinie: Schlickdefizit im Wattenmeer

geringe Möglichkeit der Selbstreinigung

Fließgewässer: Düngung →Eu- und Hypertrophierung

Trockenlegung von Moor- und Feuchtgebieten

Ausblick

unterschiedliche Möglichkeiten in Weiterentwicklung bestehender Strukturen

→ Strukturbruch: Banane (London / Ruhrgebiet / Mailand, Turin, Genua)

↓→ europäischen Champignon

Modell von STIENS: Räume ▲zukünftiger Wirtschaftsdynamik

Raum mit Eigendynamik ↔ Raum mit Entwicklungsbedarf, ohne Eigendyn.